10kV 及以下配电工程施工

常见缺陷与防治图册

辽宁电力建设监理有限公司 编

中国电力出版社
CHINA ELECTRIC POWER PRESS

内 容 提 要

为进一步提升配电网工程建设质量和工艺水平，辽宁电力建设监理有限公司总结110kV及以下输、变、配电工程建设质量管理经验，组织编制了本套图册。本套图册图文并茂，内容翔实，直观再现当前110kV及以下输、变、配电工程具有代表性的常见缺陷。

本书是《10kV及以下配电工程施工常见缺陷与防治图册》分册，精选了具有代表性的配电工程施工安全质量通病，展示了问题的现象，分析了问题产生的原因，有针对性地列举了国家、行业标准、规范和国家电网公司标准工艺作为参考标准，并提出具体的防治措施。

本书既可用于电网建设工程中指导监理单位、施工单位把好施工安全质量关，实现工程的零缺陷移交，也可作为电力企业对电网运行维护检修人员进行标准、规范、规程培训的参考教材。

图书在版编目（CIP）数据

10kV及以下配电工程施工常见缺陷与防治图册／辽宁电力建设监理有限公司编. — 北京：中国电力出版社，2016.10（2020.11重印）

ISBN 978-7-5123-9722-4

I. ①1… Ⅱ. ①辽… Ⅲ. ①配电－缺陷－防治－图集 Ⅳ. ①TM72－64

中国版本图书馆CIP数据核字（2016）第206439号

中国电力出版社出版、发行

（北京市东城区北京站西街19号　100005　http://www.cepp.sgcc.com.cn）

三河市万龙印装有限公司印刷

各地新华书店经售

*

2016年10月第一版　　2020年11月北京第三次印刷

710毫米 x 980毫米　　16开本　5.75印张　61千字

印数4001—5000册　定价 **36.00** 元

版 权 专 有　侵 权 必 究

本书如有印装质量问题，我社营销中心负责退换

编审委员会

主　　任　沈　力

副 主 任　李春和　杨玉俭　郑　鹏　王鹏举
葛维春　于长广

主要审查人员　高俊杨　李红星　张运山　纪忠军
冯德刚　陈刚（生产）　刘刚（科信）　李树阳
沙宏明　刘刚（建设）　张宏宇　李　钊
张凤军　崔　征　丛培贤　侯文明
方广新　张渡洲　郝洪伟　苏宝君
邵广伟　刘国福　张　雷　张宏石
刘　冰　王磊（建设）　刘金慧　朱冀涛
王植宇　刘　玥　武小琳　李维军

主要编写人员　方广新　刘国福　李政钰　王炳学
刘德良　李顺祥　王　旭　王元军
彭晓菲　唐　颖　黄凌云　李　洪
许小兵　朱　禹　张继超　郭一博
李　蓓　王　博

序

国家电网公司在三届一次职代会暨 2016 年工作会议上对推动构建全球能源互联网进行了重点论述，报告中指出，中国能源互联网是全球能源互联网的重要组成部分，要加快建设中国能源互联网，建设坚强智能电网，着力解决特高压电网和配电网“两头薄弱”的问题，实现各级电网协调发展。报告还要求，全面提高安全和质量水平，深入分析大电网运行机理，进一步强化“三道防线”；深化资产全寿命周期管理，强化设计、设备、施工、调试、运行全过程管控，确保设备大批量制造、工程大规模建设优质高效。

为落实国家电网公司要求，进一步提升配电网工程建设质量和工艺水平，辽宁电力建设监理有限公司（简称公司）认真总结 110kV 及以下输、变、配电工程建设质量管理经验，组织编制了《110kV 及以下变电站电气工程施工常见缺陷与防治图册》《110kV 及以下变电站土建工程施工常见缺陷与防治图册》《10kV 及以下配电工程施工常见缺陷与防治图册》《35~110kV 输电线路工程施工常见缺陷与防治图册》。本套图册全部采用实物照片，立意新颖，通俗易懂，直观再现当前 110kV 及以下输、变、配电工程具有代表性的常见缺陷。针对每个缺陷，解析有关法律、法规和技术标准对输、变、配电工程建设的要求。本套图册是公司低压工程建设质量验收管理的结晶，凝结了公司各级领导和广大质量管理人员的心血和汗水，相信本套图册的出版，将对公司 110kV 及以下输、变、配电工程质量和工艺水平的持续提升发挥积极作用。

质量是根本，工艺是质量形成的方法和过程，是质量的保障手段，有精湛的工艺，才可能有优良的质量。追求优良的内在质量和精湛的外表工艺的和谐统一，是工程建设质量管理永恒的主题。我们必须继续坚持“百年大计、质量第一”的方针，加强质量管理过程控制，大力治理质量通病，不断提高质量水平，使建设投产的每座变电站、每条输电线路都做到质量优良、工艺精湛、技术领先、功能可靠。

站在“十三五”的新起点上，让我们持续深化推进“两个转变”，加快建成“一强三优”现代公司，以定力凝聚心神、开启智慧，以创新顺应大势、共建共享，进而实现攻坚赶超、变革突破，为建设坚强智能电网奠定坚实基础。

沈力

2016 年 6 月

前 言

建设坚强的智能电网是为全面实现小康社会提供强大电力保障的重要基础。不断提高电网建设的施工和管理水平，提高工程质量，是所有施工者和管理者义不容辞的重大责任，是建成坚强智能电网的根本保证。

为了进一步落实电网建设的各项要求，强化各项标准、规范、规程的执行，确保电网建设和改造工程全部达到优质工程，我们通过近几年电网建设和改造工程监理工作的实践，组织有关专家深入现场，实地调查，分析研究，归纳总结了城乡配电网络建设和改造工程中存在的普遍性问题，编写了这本《10kV 及以下配电工程施工常见缺陷与防治图册》作为近几年电力工程监理的培训教材。本书精选配电工程施工中具有代表性的施工安全质量通病，展示问题的现象，分析问题产生的原因，有针对性地列举国家、行业标准、规范、规程和标准化施工要求作为参考标准，提出具体的防治措施，图文并茂，内容翔实，既可用于配电网络建设工程中指导监理单位、施工单位把好施工安全质量关，实现工程的零缺陷移交，也可作为电力企业对配电网运行维护检修人员进行标准、规范、规程培训的参考教材。希望本书能够起到一定的指导作用，进一步促进电网建设和改造工程的标准化和规范化水平的不断提高。

在这本《10kV 及以下配电工程施工常见缺陷与防治图册》的编写过程中，得到了建设部、营销部（农电工作部）、科技信通部、区域监理项目部等有关单位和人员的大力支持和帮助，在此一并表示衷心的感谢！

由于本书作者水平能力所限，编写的内容范围相对较窄，偏差之处在所难免，望各电网建设相关人员给予批评指正。

编　者

2016 年 6 月

目 录

第1章

基坑、基础工程

1.1 钢管杆基础

1.1.1 混凝土基础强度不够

缺陷分析 钢管杆基础混凝土强度不够，配合比、养生不符合规范要求，造成基础疏松、脱落。

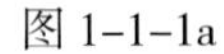

图 1-1-1a

图 1-1-1b

参考标准 《架空绝缘配电线路施工及验收规程》（DL/T 602—1996）第4.16条："基础施工中，混凝土的配合比设计应根据砂、石、水泥等原料及现场施工条件，按有关国家标准的规定，通过计算和试配确定，并应有适当的强度储备。"

防治措施 基础施工中要选用具有质量合格证书的砂、石、水泥等原料，按照标准规定确定混凝土的配合比，做好养生，冬季施工要采取有效的保温措施。

1.1.2 地脚螺栓未除锈、未进行保护

缺陷分析 地脚螺栓未进行除锈、防腐处理，螺纹部分未加以保护。

参考标准 《架空绝缘配电线路施工及验收规程》（DL/T 602—1996）第4.14

条："浇注基础中的地脚螺栓及预埋件应安装牢固。安装前应除去浮锈，并应将螺纹部分加以保护。"

防治措施 地脚螺栓及预埋件安装前应除去浮锈，基础浇注完成后对地脚螺栓裸露部分应涂抹黄油并用保护套罩住。

图 1–1–2

1.1.3 保护帽制作

1.1.3.1 保护帽混凝土强度不够

缺陷分析 保护帽混凝土酥松，强度不够，时间长了易造成脱落，失去保护作用。

图 1–1–3–1a

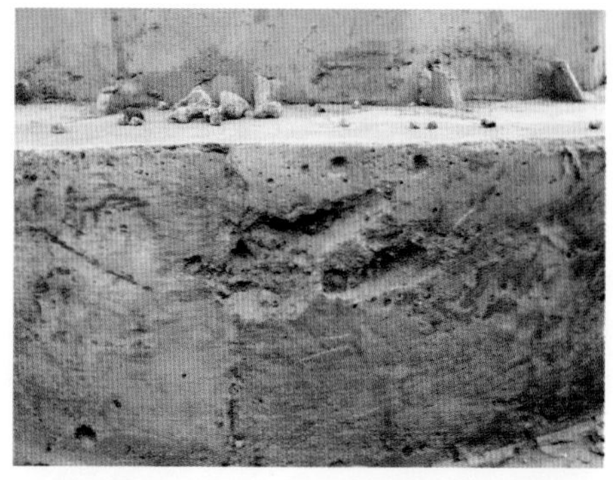

图 1–1–3–1b

参考标准 《架空绝缘配电线路施工及验收规程》(DL/T 602—1996) 第4.16条："基础施工中，混凝土的配合比设计应根据砂、石、水泥等原料及现场施工条件，按有关国家标准的规定，通过计算和试配确定，并应有适当的强度储备。"

《混凝土结构工程施工质量验收规范》(GB 50204—2015) 第7.4.7条："混凝土浇筑完毕后，应按施工技术方案及时采取有效的养护措施，并应符合下列规定：

（1）应在浇筑完毕后的12h以内对混凝土加以覆盖并保湿养护。

（2）混凝土浇水养护的时间：对采用硅酸盐水泥、普通硅酸盐水泥或矿渣硅酸盐水泥拌制的混凝土，不得少于7d；对掺用缓凝型外加剂或有抗渗要求的混凝土，不得少于14d。

（3）浇水次数应能保持混凝土处于湿润状态；混凝土养护用水应与拌制用水相同。

（4）采用塑料布覆盖养护的混凝土，其敞露的全部表面应覆盖严密，并应保持塑料布内有凝结水。

（5）混凝土强度达到1.2N/mm前，不得在其上踩踏或安装模板及支架。”

防治措施 施工中按有关国家标准的规定，通过计算和试配确定混凝土的配合比。混凝土浇筑完毕后，应按施工技术方案及时采取有效的养护措施做好养护。

1.1.3.2 保护帽裂缝

缺陷分析 钢管杆保护帽裂缝、掉渣。

参考标准 《架空绝缘配电线路施工及验收规程》（DL/T 602—1996）第5.12条：“保护帽的混凝土应与铁塔脚板上部铁板接合严密，且不得有裂缝。”

图 1-1-3-2

防治措施 根据构支架的直径设置专用钢模板，浇注时采用短钢筋进行分层灌入分层振捣，每次不得超过200mm；浇注至顶部时要留有一定的坡度，以便排水，再进行收光，浇注时检查模板是否有偏移，保证构支架在圆形模板中心；拆模后注意不要碰及棱角，浇注完成后及时将构支架表面泥浆清除。

地脚螺栓灌浆完或保护帽拆模后，覆盖塑料薄膜或加草袋进行养护，养护时间不少于7天。

1.1.4　基础顶面超差

缺陷分析 基础顶面相对高差超标，造成立杆困难，杆塔倾斜，采用加厚垫板的方式调整钢管杆的垂直度，使钢管杆底部不稳定。

参考标准《架空绝缘配电线路施工及验收规程》（DL/T 602—1996）第4.23条：“基础在回填夯实后尺寸允许偏差：基础顶面相对高差地脚螺栓式为5mm。”

防治措施 基础施工时要对顶面进行抄平测量，保证相对高差在规程要求范围内。

图 1-1-4

1.2　水泥杆基坑

1.2.1　基坑定位偏离

缺陷分析 基坑定位偏离了线路，造成下步立杆困难，杆塔偏移。

参考标准《配电网技改大修项目交接验收技术规范》（Q/GDW 744—2012）第5.1.1.1条：“基坑施工前的定位应符合下列规定：

a）直线杆：顺线路方向位移不应超过设计挡距的3%；垂直线路方向不应超过50mm；

b）转角杆：位移不应超过50mm。”

防治措施 基坑定位要按照设计给定的位置进行，挖坑前要进行复测。

图 1-2-1

1.2.2 混凝土底盘质量不合格

缺陷分析 钢筋混凝土底盘裂缝、掉渣。

参考标准 《配电网技改大修项目交接验收技术规范》（Q/GDW 744—2012）第5.1.2.1条："钢筋混凝土底盘、卡盘、拉线盘表面应平整，不应有蜂窝、露筋、裂缝、漏浆等缺陷。"

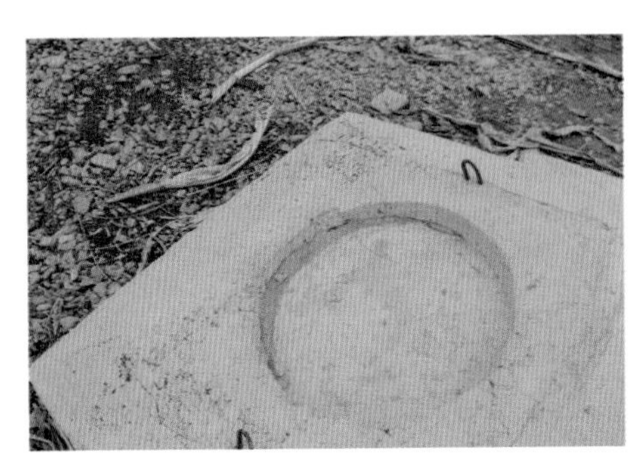

图 1-2-2

防治措施 钢筋混凝土底盘、卡盘、拉线盘制作时严格按照规范要求选用合格的沙子、水泥、石子等原材料，要有合格证书，制作过程中按照工艺规程进行养护。

1.2.3 基坑坑底未处理

缺陷分析 基坑底凸凹不平，有杂物。

参考标准 《配电网技改大修项目交接验收技术规范》（Q/GDW 744—2012）第5.1.1.2条："基坑底使用底盘时，坑底表面应保持水平"。

防治措施 下底盘或立杆之前先清理坑底。

1.3 拉线基坑深度不合格

缺陷分析 拉线坑过浅，导致拉线盘埋深不够，受到压力减弱，造成拉线拉力不足，上拔进而脱出，失去拉线作用。

参考标准 《配电网技改大修项目交接验收技术规范》（Q/GDW 744—2012）第5.1.1.5条："拉线盘的埋设深度一般不小于1.2m。"

防治措施 严格按照设计深度挖拉线坑，确保拉线盘埋深符合规程要求。

1.4　基础回填不及时

缺陷分析 基础拆模后未能及时回填土，造成基础裸露，影响基础的强度和质量。

参考标准 《架空绝缘配电线路施工及验收规程》（DL/T 602—1996）第4.19.3条："基础拆模经表面检查合格后应立即回填土，并应对基础外露部分加遮盖物，按规定期限继续浇水养护，养护时应使遮盖物及基础周围的土始终保持湿润。"

防治措施 基础拆模经表面检查合格后立即回填土。

第2章

杆塔组装

2.1 塔 材 检 验

2.1.1 水泥杆检验

2.1.1.1 水泥杆有麻面、漏浆、掉块

缺陷分析 钢筋混凝土电杆出现麻面、漏浆、掉块。

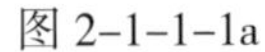

图 2-1-1-1a

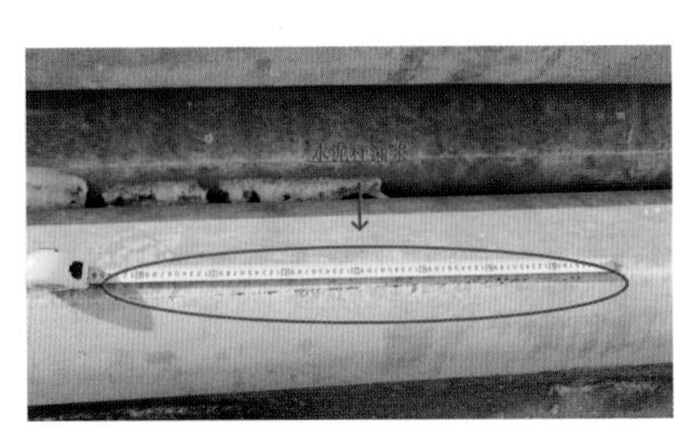

图 2-1-1-1b

参考标准 《架空绝缘配电线路施工及验收规程》(DL/T 602—1996)第3.5.2条：“安装钢筋混凝土电杆前应进行外观检查，且符合下列要求：

a）表面光洁平整，壁厚均匀，无偏心，露筋，跑浆、蜂窝等现象。”

防治措施 严把钢筋混凝土电杆进场验收关，不符合质量要求的严禁用于工程中；立杆之前要再次检查钢筋混凝土电杆的质量。

图 2-1-1-2

2.1.1.2 水泥杆裂缝、裂纹

缺陷分析 钢筋混凝土电杆裂纹严重。

参考标准 《架空绝缘配电线路施工及验收规程》(DL/T 602—1996)第3.5.2条：“安装钢筋混凝土电杆前应进行外观检查，且符合下列要求：

b）预应力混凝土电杆及构件不得有纵向、横向裂缝；

c）普通钢筋混凝土电杆及细长预制构件不得有纵向裂缝，横向裂缝宽度不应超过0.1mm，长度不超过1/3周长。”

防治措施 立杆之前要再次检查钢筋混凝土电杆的质量。有纵向裂缝或横向裂缝超标的电杆严禁用于线路工程中。

2.1.1.3　钢筋混凝土电杆接缝缝隙加大

缺陷分析 钢筋混凝土电杆接缝处缝隙较大，影响电杆强度。

参考标准 《架空绝缘配电线路施工及验收规程》（DL/T 602—1996）第5.1条：“混凝土电杆及预制件在装卸运输中严禁互相碰撞、急剧坠落和不正确的支吊，以防止产生裂缝或使原有裂缝扩大。”

图 2-1-1-3

防治措施 加强钢筋混凝土电杆进场前的验收，在运输和装卸过程中按照规范要求进行，立杆之前要进一步检查钢筋混凝土电杆质量，防止有裂缝的钢筋混凝土电杆用于工程中。

2.1.1.4　水泥杆杆尾、杆头破损

缺陷分析 钢筋混凝土电杆杆根、杆头破损，露筋。

参考标准 《架空绝缘配电线路施工及验收规程》（DL/T 602—1996）第5.2

图 2-1-1-4a

图 2-1-1-4b

条：“运至桩位的杆段及预制构件，放置于地平面检查，当端头的混凝土局部破损时应进行修补。”

防治措施 加强水泥杆运输、装卸过程的监控，杜绝野蛮装卸。

2.1.2 电杆钢圈焊接、防腐处理

2.1.2.1 焊缝、防腐处理不合格

缺陷分析 钢筋混凝土电杆钢圈焊接头焊渣清理不净，防腐处理不合格。

参考标准 《配电网技改大修项目交接验收技术规范》（Q/GDW 744—2012）第5.1.2.2条：“电杆的钢圈焊接头应按设计要求进行防腐处理。设计无规定时，应将钢圈表面铁锈和焊缝的焊渣与氧化层除净，涂刷一底一面防锈漆处理。焊缝表面应呈平滑的细鳞形，与基本金属平缓连接，无褶皱、间断、漏焊及未焊满的陷槽，并不应有裂缝。”

图 2-1-2-1

防治措施 钢筋混凝土电杆焊接后要清理焊渣，除锈，涂刷防腐油漆。

2.1.2.2 钢圈严重锈蚀

缺陷分析 杆塔组立前，钢圈未及时进行防腐处理或因防腐处理质量不良，造成了钢圈锈蚀，钢圈腐蚀到一定程度，就失去了钢圈的强度。

图 2-1-2-2

参考标准 《架空绝缘配电线路施工及验收规程》（DL/T 602—1996）第5.6条：“电杆的钢圈焊接接头应按设计要求进行防腐处理。设计无规定时，可将钢圈表面铁锈和焊缝的焊渣

与氧化层除净，先涂刷一层红樟丹，干燥后再涂刷一层防锈漆处理。”

防治措施 严格按照设计或施工验收规范要求施工，杆塔组立前，应将钢圈及时除锈，涂刷防腐油漆。线路投入运行后，应定期进行钢圈防腐处理。

2.1.3　钢管杆镀锌层检验

缺陷分析 钢管杆镀锌层磨损，露出本材。

参考标准 《配电网技改大修项目交接验收技术规范》（Q/GDW 744—2012）第5.1.2.1条：“钢杆及附件均热镀锌，锌层应均匀，无漏镀、锌渣锌刺”。

防治措施 严格按照设计或验收规范要求进行钢管杆入场检验。

图 2–1–3

2.2　钢管杆组立

2.2.1　钢管杆组件缺失

缺陷分析 钢管杆螺栓缺失，杆塔不牢固，长期运行杆塔晃动易造成地脚螺栓松动磨损，严重的会出现倒杆事故。

参考标准 《电气装置安装工程66kV及以下架空电力线路施工及验收规范》（GB 50173—2014）　第7.1.2条：“杆塔各构件的组装应牢固，交叉处有空隙者，应装设相应厚度的垫圈或垫板。”

图 2–2–1

防治措施 严格按照设计或验收规范要求进行钢管杆的组立安装，基础螺栓要齐全无缺。

2.3 水泥杆组立

2.3.1 杆塔埋设

2.3.1.1 杆塔埋深不够

缺陷分析 施工过程中，由于杆坑深度不够，或在立杆前杆坑出现塌陷未进行清理，造成电杆埋深不够，易出现电杆倾斜，严重的则可能发生倒杆事故。

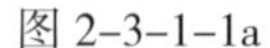

图 2-3-1-1a

图 2-3-1-1b

参考标准《架空绝缘配电线路施工及验收规程》（DL/T 602—1996）第4.3条：设计未作规定的电杆埋设深度应符合下表要求。

杆长（m）	8.0	10.0	12.0	15.0	18.0
埋深（m）	1.5	1.7	1.9	2.3	2.6 ~ 3.0

防治措施 设计应根据实际情况进行电杆埋深设计及按照现场土质情况设计卡盘、底盘。施工时，按照杆塔埋设深度设计要求进行挖坑；立杆之前先测量杆坑深度，清理坑底，保证埋深达到规程要求。

2.3.1.2 违反设计要求，擅自砸断混凝土杆

缺陷分析 施工过程中，由于杆坑深度不够，故将混凝土杆砸断一截。这样不仅破坏了混凝土杆的强度，极易使混凝土杆出现酥松、裂纹，还造成浪费，此方法实属野蛮施工。

参考标准《架空绝缘配电线路施工及验收规程》（DL/T 602—1996）第4.3条："设计未作规定时电杆埋设深度应符合规定。"及第3.5.1条："普通钢筋混凝土电杆应符合GB 396的规定，预应力钢筋混凝土电杆应符合GB 4623的规定。"

图 2-3-1-2

防治措施 严格按设计要求施工，禁止随意砸断混凝土杆。

2.3.1.3 双杆塔组立后高矮不齐

缺陷分析 双杆塔的杆头高矮不齐，主要原因是杆坑深度不一致，有深有浅，差距较大，造成杆高低差较大。双杆塔高矮不齐既影响工程施工质量，又影响线路美观。

参考标准《架空绝缘配电线路施工及验收规程》（DL/T 602—1996）第4.2条："双杆的两杆坑深度差不应超过20mm。"及第5.14条："双杆立好后应正

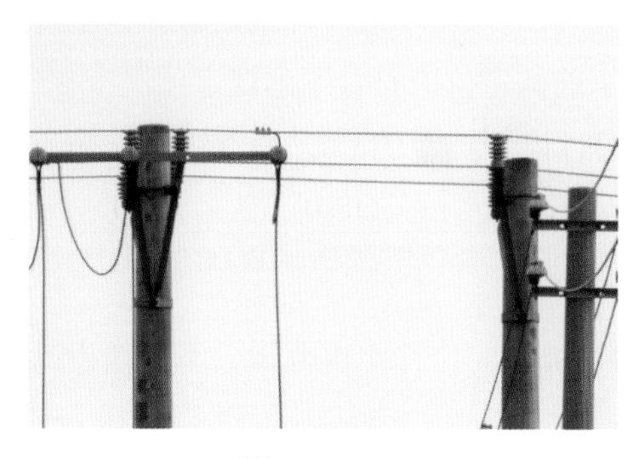

图 2-3-1-3a

图 2-3-1-3b

直，双杆高低差不应超过20mm。”

防治措施 立杆前，应测量杆坑深度是否达到标准要求，两基杆坑深度是否一致，无误后，方可立杆。如坑底土层松软，应加设底盘。

2.3.2 杆塔位置偏离、倾斜

2.3.2.1 杆塔位移超标

缺陷分析 杆塔组立施工时，杆根横向位移距离过大，超出了相关规范规定的数据，使杆塔偏离了线路中心线，出现迈步，久而久之，杆塔就会因承力而发生倾斜，影响线路整齐美观。

图 2-3-2-1a

图 2-3-2-1b

参考标准 《架空绝缘配电线路施工及验收规程》(DL/T 602—1996)第5.13条："直线杆的横向位移不应大于50mm；电杆的倾斜不应使杆梢的位移大于杆梢直径的1/2。”及第4.1条规定："基坑施工前的定位应符合下列规定：

(1)直线杆：顺线路方向位移不应超过设计挡距的3%，垂直线路方向不应超过50mm。

(2)转角杆：位移不应超过50mm。”

防治措施 施工时按相关规范要求控制杆塔横向位移距离范围，不准超出其规定，否则，需重新修整杆坑。

2.3.2.2　直线杆沿线路纵、横向倾斜

缺陷分析 杆塔出现横向、纵向倾斜的主要原因：①杆塔埋深不够，未按设计要求的深度挖坑，杆坑较浅；②设计人员未根据现场土质情况设计卡盘、底盘，或设计图纸有卡盘、底盘而施工单位未安装；③回填土未按相关规范要求进行回填和夯实。杆塔埋深不够，加之杆坑回填土松散，必然造成杆塔不稳固，出现倾斜，甚至还会出现倒杆，严重影响线路安全运行。

图 2-3-2-2a

图 2-3-2-2b

参考标准 《架空绝缘配电线路施工及验收规程》（DL/T 602—1996）第5.13条："电杆的倾斜不应使杆梢的位移大于杆梢直径的1/2。"

防治措施 设计应根据实际情况进行电杆埋深设计及按照现场土质情况设计卡盘、底盘。施工时，杆塔埋设深度必须符合设计要求；杆坑回填土要按施工验收规范要求进行回填，并逐层进行夯实。

2.3.2.3　分歧杆、转角杆向受力侧倾斜

缺陷分析 杆塔组立时，分歧杆没有向分歧线路直线的反方向预偏，转角杆没有向外角平分线方向预偏，当杆塔承力后，必然向受力侧倾斜。分歧杆、转角杆出现倾斜后，势必要影响到相邻杆塔出现倾斜，导线驰度也随之下垂，既影响线路整体美观，又影响到运行安全。

参考标准 《架空绝缘配电线路施工及验收规程》（DL/T 602—1996）第5.9条：

图 2-3-2-3

“拉线转角杆、终端杆、导线不对称的拉线直线单杆，在架线后拉线点处不应向受力侧挠倾。向反受力侧（轻载侧）的偏斜不应超过拉线点高的3%。”及第5.13条：“转角杆应向外角预偏，紧线后不应向内角倾斜，向外角的倾斜不应使杆梢位移大于杆梢直径；终端杆应向拉线侧预偏，紧线后不应向拉线反方向倾斜，拉线侧倾斜不应使杆梢位移大于杆梢直径。”

防治措施 设计应根据现场土质情况设计卡盘、底盘。施工时，按施工验收规范要求将分歧杆、转角杆进行预偏，杆塔承力时，所设的拉线必须调紧。

2.3.2.4 终端杆（架）向线路方向倾斜

缺陷分析 终端杆（架）在组立时，没有向线路直线反方向预偏或预偏角度小，造成杆塔承力后向受力侧倾斜；另外，终端杆的拉线松弛，拉力不足，使杆塔的张力失去平衡而出现向受力侧倾斜，终端杆（架）出现倾斜，必然使导线弛度下垂，影响工程施工质量。

参考标准 《架空绝缘配电线路施工及验收规程》（DL/T 602—1996）第5.13条：“终端杆应向拉线侧预偏，紧线后不应向拉线反方向倾斜，拉线侧倾斜不应使杆梢位移大于杆梢直径。”

防治措施 终端杆组立时，必须按施工验收规范规定进行预偏，使其向张力反方向倾斜，并调整好拉线。导线架设后，杆头不得向导线方向倾斜。

图 2-3-2-4

2.4 基 坑 回 填

2.4.1 基坑回填培土不足、下陷、无防沉土台

缺陷分析 杆基培土出现下沉，其原因是杆坑回填土未按相关规范要求进行夯实；另外，杆基培土未留防沉台或防沉台未达到标准要求。遇到雨天，杆基培土必然下沉，造成埋深不够，出现杆歪，影响工程质量。

图 2-4-1a

图 2-4-1b

图 2-4-1c

参考标准 《架空绝缘配电线路施工及验收规程》（DL/T 602—1996）第4.6条："电杆组立后，回填土时应将土块打碎，每回填500mm应夯实一次。"及第4.7条："回填土后的电杆坑应有防沉土台，其埋设高度应超出地面300mm。"

防治措施 严格按施工验收规范要求进行回填夯实，并按标准要求留出防沉土台，防沉土台应符合要求。

2.4.2 基坑回填土质不符合规范

缺陷分析 杆基培土使用石块回填，未按相关规范要求进行夯实；遇到雨天，杆基培土必然下陷，造成埋深不够，出现杆歪，影响工程质量。

图 2-4-2a

图 2-4-2b

参考标准 《架空绝缘配电线路施工及验收规程》（DL/T 602—1996）第4.6条：“电杆组立后，回填土时应将土块打碎，每回填500mm应夯实一次。”

防治措施 严格按施工验收规范要求选择细土进行回填夯实。

第3章

金具组装

3.1 金具锈蚀检验

缺陷分析 横担、螺栓、螺母、垫铁等锈蚀严重。

图 3-1a

图 3-1b

图 3-1c

图 3-1d

参考标准 《配电网技改大修项目交接验收技术规范》（Q/GDW 744—2012）第5.1.2.5条：“横担、抱箍、连板、垫铁、拉线棒、螺栓、螺母应热镀锌，锌层应均匀，无漏镀、锌渣锌刺；上述制品不应有裂纹、砂眼及锈蚀，不得采用切割、拼装焊接方式制成，不得破坏镀锌层。”

防治措施 严格按照国家相关产品质量标准对进场金具进行检查验收，查验产品合格证书。

3.2 横 担 安 装

3.2.1 横担安装位置

3.2.1.1 横担安装位置过高

缺陷分析 线路横担安装距离杆顶尺寸不足，长期运行易出现上拔，造成横担脱出，影响安全运行，同时影响线路美观。

图 3-2-1-1a

图 3-2-1-1b

参考标准 《配电网技改大修项目交接验收技术规范》（Q/GDW 744—2012）第5.1.2.6条："线路横担的安装，导线为水平排列时，上层横担上平面距杆顶：10kV线路不小于300mm"。

防治措施 线路横担的安装要严格按照规范和设计规定，确定好电杆的标高，测量好横担位置尺寸。

3.2.1.2 横担安装位置过低

缺陷分析 线路横担安装位置过低，会出现对地安全距离不够，同时影响线路美观。

图 3-2-1-2

参考标准《10kV及以下架空配电线路设计技术规程》（DL/T 5220—2005）第13.0.2条："10kV线路导线与地面或水面的最小距离：居民区为6.5m。"

防治措施 线路横担的安装要严格按照规范和设计规定，确定好电杆的标高，测量好横担位置尺寸。

3.2.2 横担水平倾斜超标

缺陷分析 横担安装不正，出现歪斜，极不规范，反映出施工质量差，不仅影响线路施工工艺美观，而且还会因横担、构架歪斜造成导线松弛，与其他导线或设施安全距离不足，造成混线，影响线路安全运行。

图 3-2-2a

图 3-2-2b

图 3-2-2c

参考标准《架空绝缘配电线路施工及验收规程》（DL/T 602—1996）第5.17条："横担安装应平整，安装偏差不应超过下列规定数值：

（1）横担端部上下歪斜：20mm；

（2）横担端部左右扭斜：20mm。"

防治措施 横担安装必须按施工验收规范要求保持平整，各部螺丝必须拧紧，防止出现歪斜现象。

3.2.3 转角杆横担安装角度偏差

缺陷分析 转角杆横担安装偏离导线合力位置方向，容易造成杆塔两侧受力不均，导致杆塔倾斜。

参考标准《配电网施工检修工艺规范》（Q/GDW 742—2012）第3.3条：“横担安装应平正，安装偏差应符合设计和规范要求”“转角杆应装在合力位置方向”。

防治措施 严格按照设计要求和规范规定的角度、方向进行转角杆横担的安装，紧线时应注意防止导线将横担拽离原位。

图 3-2-3

3.3 金 具 安 装

3.3.1 金具加工

3.3.1.1 金具加工不符合规范

3.3.1.2 螺孔加工不符合规范、规程要求

缺陷分析 螺孔扩孔不符合相关规范要求，势必造成金具安装不牢固，出现松动现象，不仅使构架出现倾斜，影响设备安全运行，而且还给登高作业人员的人身安全带来不利影响。

图 3-3-1-2

参考标准 《架空绝缘配电线路施工及验收规程》（DL/T 602—1996）第5.16条："杆塔部件组装有困难时应查明原因，严禁强行组装。个别螺孔需扩孔时，应采用冷扩，扩孔部分不应超过3mm。"

防治措施 按《规范》要求进行螺孔的扩孔，扩孔不符合标准的严禁用于工程中。

3.3.1.3 U 型螺栓规格尺寸超标

缺陷分析 U型螺栓长度超长，螺杆丝扣不足，用多个螺母代替垫片，势必造成金具安装不牢固，出现松动现象，不仅使构架出现倾斜，影响设备安全运行，而且还给登高作业人员的人身安全带来不利影响。

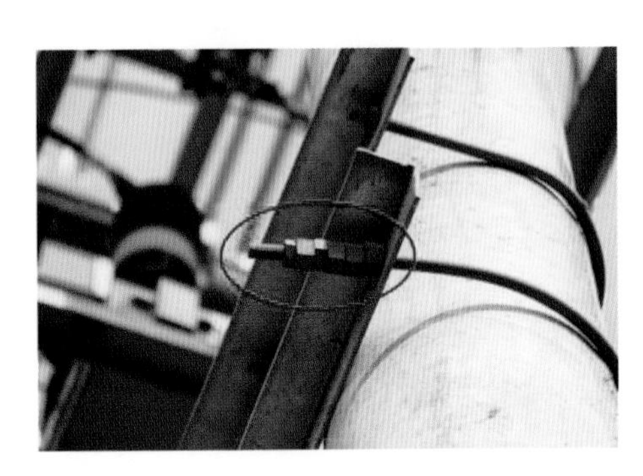

图 3-3-1-3

参考标准 《架空绝缘配电线路施工及验收规程》（DL/T 602—1996）第5.20条："以螺栓连接的构件应符合下列规定：

（1）螺杆应与构件面垂直，螺头平面与构件间不应有空隙；

（2）螺栓紧好后，螺杆丝扣露出的长度：单螺母不应小于2扣，双螺母可平扣；

（3）必须加垫圈者，每端垫圈不应超过2个。"

防治措施 按《规范》要求，提高安装工艺水平。凡是不配套的金具，不准乱改或代替使用。

3.4 绝缘子安装

3.4.1 绝缘子安装工艺

3.4.1.1 立瓶安装歪斜

缺陷分析 立瓶歪斜不正的主要原因，除立瓶受力较大外，就是立瓶安装不牢，长期如此会导致立瓶脱帽，出现立瓶翻个，将造成线路故障，影响线路安全运行。

图 3-4-1-1a

图 3-4-1-1b

图 3-4-1-1c

参考标准《架空绝缘配电线路施工及验收规程》（DL/T 602—1996）第5.22.1条：“绝缘子安装应牢固，连接可靠。”

防治措施 对于受力较大的立瓶应更换为碟式绝缘子；对于带扣铁的应尽量使用长杆立瓶；对于短杆立瓶，螺丝必须拧紧，并采取防止螺帽脱落措施。

3.4.1.2 悬垂螺栓、销钉安装不规范

缺陷分析 耐张串上的销钉穿入方向错误，各方向不一致。

参考标准《电气装置安装工程66kV及以下架空电力线路施工及验收规范》

图 3-4-1-2a

图 3-4-1-2b

（GB 50173—2014）第8.6.16条：“耐张串上的弹簧销子、螺栓及穿钉应一律由上向下穿。当使用W弹簧销子时，绝缘子大口应一律向上；当使用R弹簧销子时，绝缘子大口应一律向下，特殊情况两边线可由内向外，中线可由左向右穿入。”

防治措施 严格按照规范和标准工艺进行施工。

第4章

拉线安装

4.1 拉 线 装 设

4.1.1 拉线安装

4.1.1.1 拉线安装角度不符合规范、规程要求

缺陷分析 拉线角度小于30°，这样就失去拉线的作用，长期运行，杆塔可能出现倾斜，影响工程质量和线路美观。

图 4-1-1-1a

图 4-1-1-1b

图 4-1-1-1c

参考标准《架空绝缘配电线路施工及验收规程》（DL/T 602—1996）第6.1.1条："拉线与电杆的夹角不宜小于45°，当受地形限制时，不应小于30°。"

防治措施 按设计规定的拉线角度装设拉线，开挖拉线坑前要测量好拉线坑与杆坑之间的距离位置。

4.1.1.2 拉线装设方向偏离

缺陷分析 拉线偏离了线路方向，长期运行，杆塔可能出现倾斜，影响工程质量和线路安全。

参考标准《架空绝缘配电线路施工及验收规程》（DL/T 602—1996）第6.1.2条：“终端杆的拉线及耐张杆承力拉线应与线路方向对正，分角拉线应与线路分角线方向对正，防风拉线应与线路方向垂直。”

防治措施 按设计规定的拉线方向装设拉线。

图 4–1–1–2

4.1.2 拉线受力、位置、安全距离

4.1.2.1 拉线抱箍装设位置偏离

图 4–1–2–1

缺陷分析 拉线抱箍未装设在相对应的横担下方，造成电杆受力不一致，使杆头受到较大的剪力。

参考标准《配电网施工检修工艺规范》（Q/GDW 741—2012）第3.4.2条：“拉线抱箍一般装设在相对应的横担下方，距横担中心线100mm处。”

防治措施 按照规范的要求进行拉线的设计和安装施工。

4.1.2.2 拉线松弛

缺陷分析 拉线松弛，为施工质量问题。拉线松弛使杆塔失去拉力，杆塔的

图 4–1–2–2a

图 4–1–2–2b

张力必然失去平衡，使杆塔向受力侧倾斜，既影响线路美观，又容易引起其他事故。

参考标准 《架空绝缘配电线路施工及验收规程》（DL/T 602—1996）第6.4条："当一基电杆上装设多条拉线时，拉线不应有过松、过紧、受力不均匀等现象。"

防治措施 安装拉线必须按施工验收规范要求进行施工，导线架设后，如拉线松弛，必须调整拉线，使拉线受力，V型拉线上下线受力必须均衡，防止受力不均。

4.1.2.3 拉桩杆未向拉力的反方向倾斜

缺陷分析 拉桩杆不向受力反方向倾斜，不符合施工验收规范要求。拉桩杆因拉力作用必然向受力方向倾斜，这样不仅减少了水平拉线的拉力，而且会使被拉的电杆发生倾斜，影响线路美观和安全运行。

图 4–1–2–3a

图 4–1–2–3b

参考标准《架空绝缘配电线路施工及验收规程》（DL/T 602—1996）第6.3条："拉桩杆应向受力反方向倾斜10°～20°　。"

防治措施 组立拉桩杆时，必须将拉桩杆向受力的反方向倾斜，倾斜角度要达到施工验收规范要求，并打紧拉桩坠线。当水平拉线受力时，拉桩杆不得向受力侧倾斜。

4.1.2.4　未装设拉线

缺陷分析 终端杆未安装拉线，长时间运行，电杆在导线拉力的作用下发生倾斜，严重时会造成倒杆，发生事故。

参考标准《架空绝缘配电线路设计技术规程》（DL/T 601—1996）第8.11条："拉线应根据电杆受力情况装设。"

图 4-1-2-4

防治措施 按设计规范的规定要求装设拉线。

4.2 拉线棒安装

4.2.1　拉线棒安装位置

4.2.1.1　拉线棒露出地面过长

缺陷分析 拉线棒外露地面部分过长，说明拉线盘埋深不够，培土压力不足，长时间运行易造成拉线上拔，导致拉线松弛，失去拉线的作用。

参考标准《电气装置安装工程 66kV及以下架空电力线路施工及验收规范》（GB 50173—2014）第7.5.1条："拉线盘的埋设深度和方向，应符合设计要求，

图 4-2-1-1a

图 4-2-1-1b

拉线棒与拉线盘应垂直，连接处采用双螺母，其外露地面部分的长度应为500 ~ 700mm。”

防治措施 严格按照设计要求选择拉线棒的长度，埋设拉线盘、装设拉线棒。

4.2.1.2 拉线棒露出地面过短

缺陷分析 拉线棒外露地面部分过短，影响培土，无法设置防沉土台。

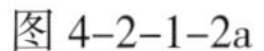

图 4-2-1-2a

图 4-2-1-2b

参考标准《电气装置安装工程 66kV及以下架空电力线路施工及验收规范》（GB 50173—2014）第7.5.1条：“拉线盘的埋设深度和方向，应符合设计要求，拉线棒与拉线盘应垂直，连接处采用双螺母，其外露地面部分的长度应为500 ~ 700mm。”《架空绝缘配电线路施工及验收规程》（DL/T 602—1996）第6.5条：“埋设拉线盘的拉线坑应有滑坡，回填土应有防沉土台。”

防治措施 严格按照设计要求选择拉线棒的长度，埋设拉线盘、装设拉线棒。

4.2.2 拉线棒出土角度过大

缺陷分析 拉线棒出土角度与拉线角度不一致，影响拉线拉力，长期运行易造成拉线松弛，失去拉线的作用。

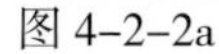

图 4-2-2a

图 4-2-2b

参考标准 《电气装置安装工程 66kV及以下架空电力线路施工及验收规范》（GB 50173—2014）第7.5.1条：“拉线盘的埋设深度和方向，应符合设计要求，拉线棒与拉线盘应垂直，连接处采用双螺母，其外露地面部分的长度应为500～700mm。”

防治措施 严格按照设计要求确定拉线棒的出土角度，埋设拉线盘、装设拉线棒。

4.2.3 拉线棒未更换

缺陷分析 施工时，未按设计要求更换拉线棒，而是以旧代新，利用原拉线棒。这样，当电杆加高为15m，导线截面积加大为240mm^{2}后，杆塔的承力必然加大，还利用原拉线棒，显然满足不了拉力要求。而且原拉线棒已锈蚀多年，很容易被拉断，拉线棒被拉断，势必造成倒杆故障，影响线路安全运行。

图 4-2-3

参考标准 《架空绝缘配电线路设计技术规程》（DL/T 601—1996）第8.14条："拉线棒的直径应根据计算确定，但其直径不应小于16mm。拉线棒应热镀锌。严重腐蚀地区，拉线棒直径应适当加大2～4mm或采取其他有效的防腐措施。"

防治措施 必须按设计要求更换全部拉线装置，不准以旧带新，偷工减料，影响工程质量。

4.2.4 拉线坑培土不合格

缺陷分析 拉线坑培土出现下沉，其原因是拉线坑回填土未按相关规范要求进行夯实；另外，拉线坑培土未留防沉台或防沉台未达到标准要求。遇到雨天，培土必然下沉，造成埋土压力不够，出现拉线上拔，影响工程质量。

图 4-2-4

参考标准 《架空绝缘配电线路施工及验收规程》（DL/T 602—1996）第6.5条："埋设拉线盘的拉线坑应有滑坡，回填土应有防沉土台。"

防治措施 严格按施工验收规范要求进行回填夯实，并按标准要求留出防沉土台，防沉土台应符合要求。

4.3 线 夹 安 装

4.3.1 楔型线夹安装方向不一致

缺陷分析 拉线安装中所使用的楔型线夹尾端方向不统一，致使尾线端承受横向剪力。

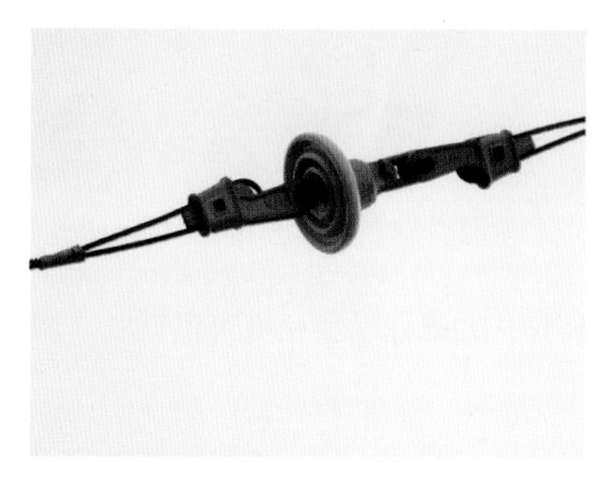

图 4-3-1a

图 4-3-1b

参考标准《架空绝缘配电线路施工及验收规程》（DL/T 602—1996）第6.2条：“采用UT型线夹及楔型线夹固定的拉线安装时，同一组拉线使用双线夹时其尾线端的方向应统一。”

防治措施 UT型线夹及楔型线夹安装时先调整好方向。

4.3.2 UT 型线夹安装

4.3.2.1 UT 型线夹的螺杆未露扣

缺陷分析 UT型线夹的螺杆未露扣，无螺杆丝扣长度可供调紧，当拉线松弛时已无法进行调整，杆塔失去拉线的作用后，就要向受力侧倾斜，影响安全运行。

参考标准《架空绝缘配电线路施工及验收规程》（DL/T 602—1996）第6.2

图 4-3-2-1a

图 4-3-2-1b

条："UT型线夹的螺杆应露扣，并应有不小于1/2螺杆丝扣长度可供调紧。调整后，UT型线夹的双螺母应并紧。"

防治措施 安装拉线UT型线夹时，UT螺杆必须按施工验收规范要求留有充分余扣。否则，应重新安装拉线。

4.3.2.2 UT 型线夹的螺杆帽未拧紧

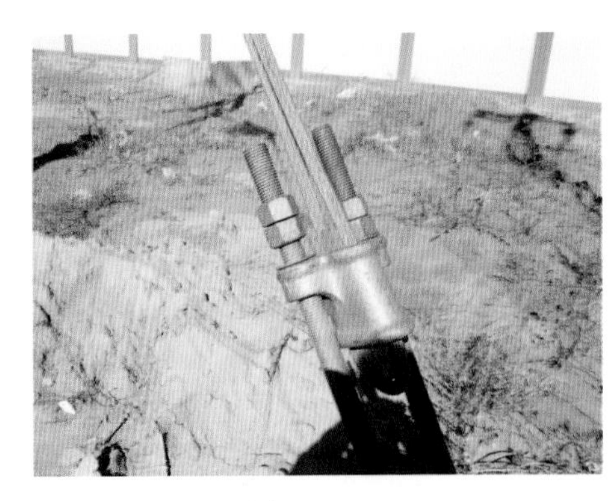
图 4-3-2-2

缺陷分析 UT型线夹的螺杆未拧紧，易丢失，造成拉线脱落而失去拉线的作用，杆塔失去拉力，就要向受力侧倾斜，影响安全运行。

参考标准 《架空绝缘配电线路施工及验收规程》（DL/T 602—1996）第6.2条："UT型线夹的双螺母应并紧。"

防治措施 安装拉线UT型线夹时，螺栓必须拧紧并有防盗措施。

4.3.2.3　UT 型线夹选材不一致

缺陷分析 UT型线夹选材粗细不一致造成受力不均，长期运行易造成疲劳，失去拉线作用，且不美观。

参考标准 《架空绝缘配电线路设计技术规程》（DL/T 601—1996）第8.14条：“拉线棒的直径应根据计算确定，但其直径不应小于16mm。”

防治措施 同一工程材料造型应统一按设计的规定选材安装。

图 4-3-2-3

4.3.3　钢绞线偎弯

4.3.3.1　钢绞线破股

缺陷分析 拉线钢绞线弯曲部分松股，降低了钢绞线的拉力强度，造成隐患。

图 4-3-3-1a

图 4-3-3-1b

参考标准 《配电网技改大修项目交接验收技术规范》（Q/GDW 744—2012）第5.1.3.2条：“拉线安装应符合下列规定：线夹舌板与拉线接触应紧密，受力后无滑动现象，线夹凸肚在尾线侧，拉线弯曲部分不应有明显松股。”

防治措施 安装拉线UT型线夹时，要把握好拉线偎弯工艺，偎弯前先将拉线上劲，紧贴线夹舌板偎好，及时装入线夹，防止拉线松股。

4.3.3.2 线夹舌板与拉线接触不紧密

缺陷分析 线夹舌板与拉线接触不紧密，空隙较大，受力后易造成拉线滑动，使拉线松弛，起不到拉线作用。

图 4-3-3-2a

图 4-3-3-2b

参考标准 《配电网技改大修项目交接验收技术规范》（Q/GDW 744—2012）第5.1.3.2条："拉线安装应符合下列规定：线夹舌板与拉线接触应紧密，受力后无滑动现象。"

防治措施 安装拉线UT型线夹时，拉线必须紧贴线夹舌板，保证拉线受力后不滑动。

4.4 绝缘子安装

4.4.1 绝缘子安装在带电部位上方

缺陷分析 拉线绝缘子安装在导线的上方，当拉线触及到带电导线后，拉线绝缘子未起保护作用，一旦拉线带电，会造成人身触电，威胁生命安全。

参考标准 《配电网技改大修项目交接验收技术规范》（Q/GDW 744—2012）

图 4-4-1a

图 4-4-1b

图 4-4-1c

第5.1.3.2条："拉线安装应符合下列规定：从导线之间穿过时，应装设一个拉线绝缘子，在断拉线的情况下，拉线绝缘子距地面不应小于2.5m。"

防治措施 绝缘子必须安装在导线的下方起到保护作用。

4.5 拉线尾线处理

4.5.1 拉线尾线方向装反

缺陷分析 拉线尾线安装方向错误，线夹凸肚在主线侧，造成拉线主线受到扭力，影响拉线使用寿命。

参考标准 《配电网技改大修项目交接验收技术规范》（Q/GDW 744—2012）第5.1.3.2条："拉线安装应符合下列规定：线夹凸肚在尾线侧。"

图 4-5-1

防治措施 严格按照设计和规范要求装设拉线尾线。

4.5.2 尾线及断头处理

4.5.2.1 尾线及断头未绑扎

缺陷分析 钢绞线的尾线断头没有绑扎，易出现松股现象；尾线回头后没有与主线绑扎在一起，长期运行会造成松动，失去拉线的作用。

图 4-5-2-1

参考标准 《电气装置安装工程66kV及以下架空电力线路施工及验收规范》(GB 50173—2014)第7.5.2条："当采用UT型线夹及楔形线夹固定安装时，应符合下列规定：3)楔形线夹处拉线尾线应露出线夹200mm~300mm，用直径2mm镀锌铁线与主拉线绑扎20mm；楔形UT线夹处拉线尾线应露出线夹300mm~500mm，用直径2mm镀锌铁线与主拉线绑扎40mm。拉线回弯部分不应有明显松脱、灯笼，不得用钢线卡子代替镀锌铁线绑扎。"

《配电网施工检修工艺规范》(Q/GDW 742—2012)第3.4.1条："钢绞线的尾线应在距线头50mm处绑扎，绑扎长度应为50~80mm。""钢绞线端头弯回后应用镀锌铁线绑扎紧。"

防治措施 严格按照施工工艺进行施工，钢绞线剪断前断头处应绑扎紧，端头弯回后与本线用镀锌铁线绑扎紧。

4.5.2.2　拉线尾线露出过长

缺陷分析 拉线尾线过长。

图 4–5–2–2

参考标准 《架空绝缘配电线路施工及验收规程》(DL/T 602—1996) 第6.2条："采用UT型线夹及楔形线夹固定的拉线安装时，拉线处露出的尾线长度不宜超过0.4m。"

防治措施 严格按照设计和规范要求预留拉线尾线。

第5章

导线架设

5.1 导线弛度调整

5.1.1 导线弛度不均

缺陷分析 导线弛度不均或弛度过大其原因是：设计人员未给出弛度表或架线施工未按设计要求的弛度进行施工，导线架设后，又未进行弛度复测，造成导线弛度不均，影响工程施工质量。弛度过大，还会因大风影响造成混线，引起线路短路故障。

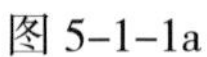

图 5-1-1a

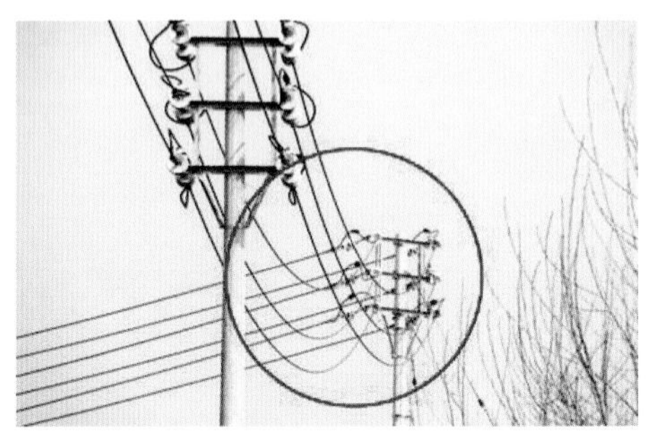

图 5-1-1b

参考标准 《架空绝缘配电线路施工及验收规程》（DL/T 602—1996）第7.4.3条：“绝缘线的安装弛度按设计给定值确定，可用弛度板或其他器件进行观测。绝缘线紧好后，同档内各相导线的弛度应力求一致，施工误差不超过±50mm。”

防治措施 设计应明确导线弛度，施工单位必须按设计弛度表进行施工，施工完后，应进行测量，弛度不均的应立即调整。

5.2 导线连接

5.2.1 引流线连接工艺不规范

缺陷分析 引流线与导线之间采用绑扎的方式连接，还有接头。

图 5-2-1

参考标准《配电网技改大修项目交接验收技术规范》(Q/GDW 744—2012)第5.1.4.7条："10千伏及以下架空电力线路的引流线（跨接线或弓子线）之间、引流线与主干线之间的连接应符合下列规定：同金属导线不得采用绑扎连接，应用可靠的连接金具。"

防治措施 采用导线的尾线做引流线时应预留出足够的长度，与导线连接时采用规定数量的线夹进行连接。

5.2.2 绝缘导线连接工艺不规范

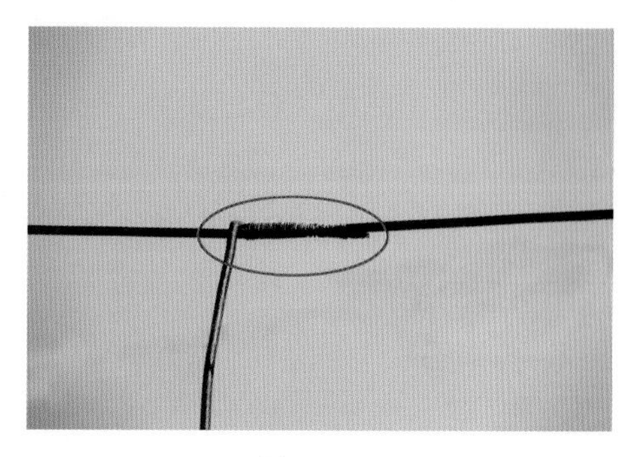

图 5-2-2a

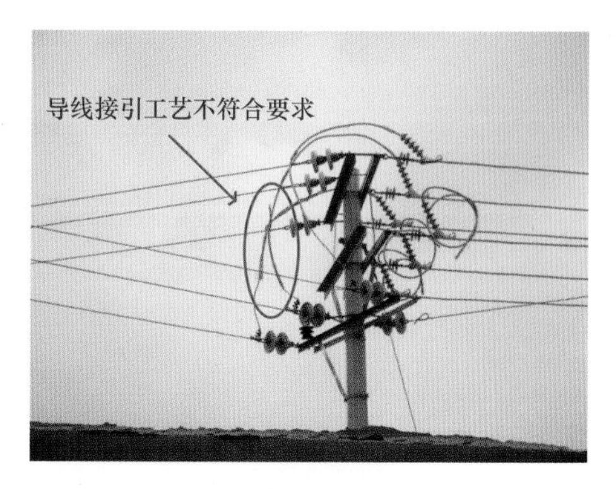

图 5-2-2b

缺陷分析 此种连接方法不符合相关规范要求，如果导线缠绕接触不良，就会使导线接点氧化发热而烧损，甚至将导线烧断，造成断线故障。另外，导线接头外露，易造成因外来物的影响，而发生线路接地或短路故障，失去了绝缘导线的意义。

参考标准 《架空绝缘配电线路施工及验收规程》(DL/T 602—1996)第7.3.1.1条："绝缘线的连接不允许缠绕，应采用专用的线夹、接线管连接。"

第7.3.1.6条："绝缘线连接后必须进行绝缘处理。绝缘线的全部端头、接头都要进行绝缘护封，不得有导线、接头裸露，防止进水。"

防治措施 严格按照施工验收规范、设计要求进行施工、验收。

5.2.3 过引线工艺、距离不符合规范、规程要求

缺陷分析 引流线采用绑扎方式连接。

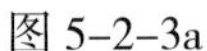

图 5-2-3a

图 5-2-3b

参考标准 《配电网技改大修项目交接验收技术规范》（Q/GDW 744—2012）第5.1.4.7条："10kV及以下架空电力线路的引流线（跨接线或弓子线）之间、引流线与主干线之间的连接应符合下列规定：同金属导线不得采用绑扎连接，应用可靠的连接金具。"

防治措施 10kV及以下架空电力线路的引流线的接引，设计应给出符合规范的材料，保证数量，施工单位要严格按照规范要求进行接引。

5.3 导线绑扎、固定

5.3.1 绝缘导线固定用铝绑线绑扎

缺陷分析 使用铝导线绑扎固定绝缘导线，不符合规范规定的要求，属于习惯性违规。因为铝绑线抗拉强度小，氧化后易被拉断，铝绑线发生开断导线就要脱落，危及线路安全运行。另外，用铝绑线直接绑扎，会使导线绝缘层受到

图 5-3-1a

图 5-3-1b

损伤，影响绝缘导线的使用寿命。

参考标准 《架空绝缘配电线路施工及验收规程》（DL/T 602—1996）的第7.5.1.3条：“绝缘子的绑扎使用直径不小于2.5mm的单股塑料铜线绑扎。”

第7.5.1.4条：“绝缘线与绝缘子接触部分应用绝缘自粘带缠绕，缠绕长度应超出绑扎部位或与绝缘子接触部位两侧各30mm。”

防治措施 按施工验收规范要求设计、施工、验收。

5.3.2 导线尾线未进行绑扎

缺陷分析 导线尾线未进行绑扎，易造成导线松股、脱落，给安全运行带来隐患。

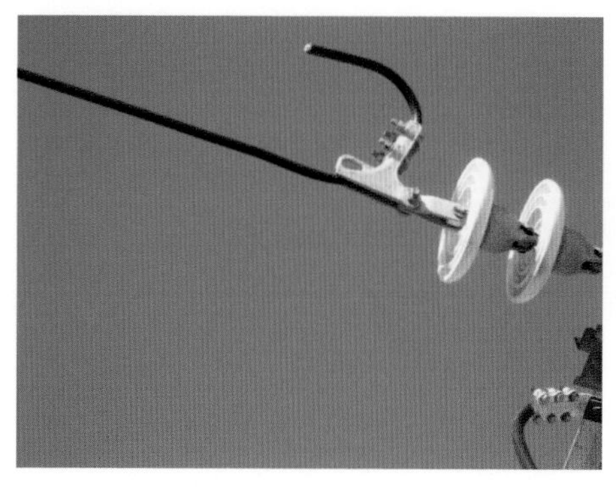

图 5-3-2a

图 5-3-2b

参考标准 《配电网技改大修项目交接验收技术规范》(Q/GDW 744—2012)第5.1.4.13条："应在耐张杆、终端杆将导线的尾线（预留1m）反绑扎在本线上或加装马鞍螺丝。"

防治措施 导线尾线要留有足够的长度，并在耐张杆、终端杆将导线的尾线（预留1m）反绑扎在本线上或加装马鞍螺丝。

5.4 线夹安装

5.4.1 并沟线夹数量不足

缺陷分析 引流线与主干线的连接仅使用一个线夹。

图 5-4-1a

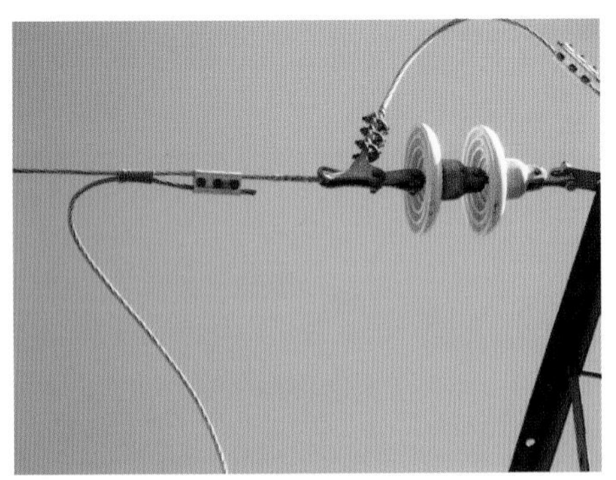

图 5-4-1b

参考标准 《电气装置安装工程66kV及以下架空电力线路施工及验收规范》(GB 50173—2014)第8.6.3条："10kV～66kV架空电力线路当采用并沟线夹连接引流线时，线夹数量不应少于2个。连接面应平整、光洁。导线及并沟线夹槽内应清除氧化膜，并应涂电力复合脂。"

防治措施 施工中采用并沟线夹连接引流线时，线夹数量不应少于2个。

5.4.2　耐张线夹安装工艺不合格

缺陷分析 绝缘导线耐张线夹安装工艺水平差，不规范，接线乱，影响工艺美观。

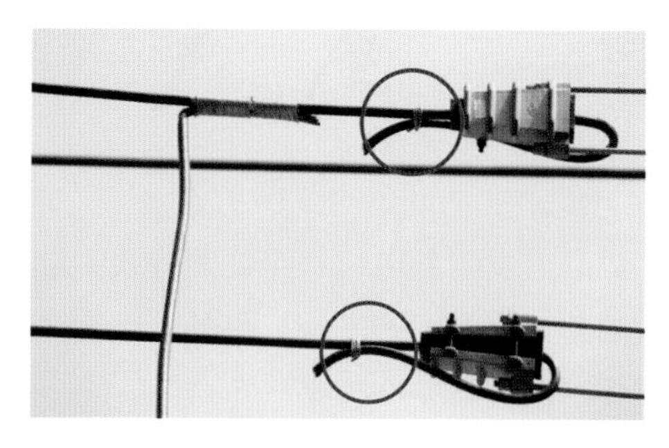

图 5-4-2a

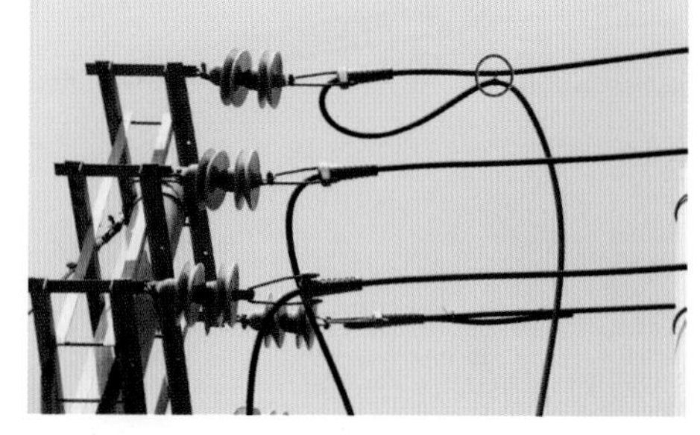

图 5-4-2b

参考标准《电气装置安装工程66kV及以下架空电力线路施工及验收规范》第8.6.22条：“柔性引流线应呈近似悬链线状自然下垂，其对杆塔及拉线等的电气间隙应符合设计要求。使用压接引流线时其中间不得有接头。刚性引流线的安装应符合设计要求。”

《配电网技改大修项目交接验收技术规范》（Q/GDW 744—2012）第5.1.7.2条：“线夹转轴灵活，与导线的接触面光洁，螺栓、螺母、垫圈齐全，配合紧密适当。”

防治措施 应按工艺标准安装线夹，线夹安装后，接线力求一致，保持工艺美观。

5.5　导线间、对地、交叉跨越安全距离

5.5.1　交叉跨越距离不足

缺陷分析 交叉跨越距离未达到规定要求，势必影响线路安全运行，一旦线

图 5-5-1a

图 5-5-1b

路因其他原因造成导线相互接近或接触，势必要发生放电，直至烧断导线，造成线路短路跳闸故障。导线烧断后，严重威胁人身和财产安全。另外，因交叉跨越距离小，还会产生感应电压，对作业人员的人身安全带来严重威胁。

参考标准 《架空绝缘配电线路施工及验收规程》（DL/T 602—1996）第9.2.3条："绝缘配电线路与10kV架空线路交叉的最小垂直距离为2m；与低压线路交叉的最小垂直距离为1m。"

防治措施 严格按施工验收规范要求保持交叉跨越距离，如遇特殊情况，不能满足距离要求，必须更换杆塔或采取其他措施，以保证其安全距离要求。

5.5.2 绝缘导线紧贴杆塔

缺陷分析 绝缘导线紧贴杆塔，不符合相关规范要求，属于违章施工，导线紧贴混凝土杆，易使导线绝缘外皮受到磨损，绝缘外皮遭到破坏后，必然造成

图 5-5-2a

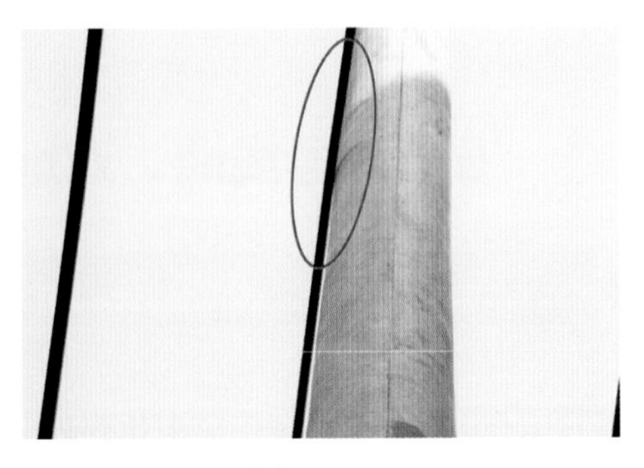

图 5-5-2b

导线对杆塔放电，导致线路发生接地和断线故障，危及人身和财产安全，后果不堪设想。

参考标准 《架空绝缘配电线路施工及验收规程》（DL/T 602—1996）第7.5.4条："中压绝缘线路每相过引线、引下线与邻相的过引线、引下线及低压绝缘线之间的净空距离不应小于200mm；中压绝缘线与拉线、电杆，或构架间的净空距离不应小于200mm。"

防治措施 新架设的绝缘导线必须与杆塔等物保持足够的安全距离，如达不到要求，应将绝缘导线用绝缘子固定在杆塔等物上，禁止导线碰触杆塔。

第6章

电气设备安装

6.1 设备台架制作安装

6.1.1 设备台架材料不规范

缺陷分析 设备支架加工不规范，眼距错误，螺杆弯曲，影响受力，既不美观，又威胁设备安全运行。

图 6-1-1

参考标准《架空绝缘配电线路施工及验收规程》（DL/T 602—1996）第5.20条："螺杆应与构件面垂直，螺头平面与构件间不应有空隙。"

防治措施 台架材料加工要严格按照设计进行，严禁将不符合设计和规程要求的材料用于工程中。施工单位应严格按照施工图纸和施工验收规范施工。

6.1.2 台架安装歪斜

缺陷分析 双杆出现歪斜，设备支架安装不规范、歪斜，既不美观，又威胁设备安全运行。

参考标准《架空绝缘配电线路施工及验收规程》（DL/T 602—1996）第5.14条："双杆立好后应正直，位置偏差不应超过下列规定数值：

（1）双杆中心与中心桩之间的横向位移：50mm；

（2）根开：±30mm。"

图 6-1-2

防治措施 设计应采取防止台架倾斜措施，施工单位应严格按照施工图纸和施工验收规范施工。台架安装应平整牢固，台面倾斜度不得大于规程要求。

6.1.3　无作业平台和护栏

缺陷分析 绝缘变压器台未安装作业平台和护栏，显然不符合安全要求，容易发生人身感电和坠落事故，后果不堪设想。

防治措施 为保证作业人员的人身安全，绝缘变压器台必须安装作业平台和护栏，而且平台和护栏必须安装牢固，保证作业人员的人身安全。

图 6-1-3

6.1.4　台架的构架、支架接地引线不合格

缺陷分析 台架的构架、支架接地引线材料、工艺不合格，易造成接地不良，不符合施工验收规范要求，一旦设备出现漏电，台架等均带电，给人身安全带来严重威胁，后果不堪设想。

参考标准 《电气装置安装工程接地装置施工及验收规范》（GB 50169—2006）第3.1.1条："电气装置的下列金属部分，均应接地或接零：（3）屋内外配电装

图 6-1-4a

图 6-1-4b

图 6-1-4c

置的金属或钢筋混凝土构架以及靠近带电部分的金属遮栏和金属门。”

防治措施 设计人员应按照设计规程和施工验收规范进行施工图纸设计，给出材料表。施工单位应按照施工图纸和施工验收规范要求施工。

6.2 接引线连接

6.2.1 台架接线混乱

图 6-2-1

缺陷分析 台架接线乱，引线松弛，不符合相关规范要求，不仅影响工艺美观，而且还影响设备安全运行。一旦遇有大风，必然会造成混线，引起线路故障。

参考标准 《电气装置安装工程66kV及以下架空电力线路施工及验收规范》（GB 50173—2014）第8.6.22条：“柔性引流线应呈近似悬链线状自然下垂，其对杆塔及拉线等的电气间隙应符合设计要求。使用压接引流线时其中间不得有接头。刚性引流线的安装应符合设计要求。”

防治措施 台架上的接线必须紧固，不得松弛，相互之间的安全距离必须达到施工验收规范要求。

6.2.2　配电变压器一、二次进出线引线材料不规范

缺陷分析 使用16mm²的橡皮线做中压引下线，不符合相关规范要求。橡皮线经风吹雨淋，天长日久就会变质破皮，起不到绝缘作用，一旦混线，就容易发生短路故障，影响设备安全供电。

参考标准 《架空绝缘配电线路设计技术规程》（DL/T 601—1996）第9.5条："柱上变压器的一、二次进出线均应采用架空绝缘线，其截面应按变压器额定容量选择，但一次侧引线铜芯不应小于16mm²，铝芯不应小于25mm²。"

图 6-2-2

防治措施 根据DL/T 601—1996要求，安装台架上的中压引下线，应使用不小于16mm²的铜导线或不小于25mm²的绝缘铝导线。

6.2.3　过渡接线端子

6.2.3.1　未采用铜铝过渡接线端子

缺陷分析 跌落开关上下接点、变压器一次套管接点接线时，没有采取铜铝过渡措施，而是直接将铝导线连接在接点上，这样接点容易产生铜铝氧化，长期运行接点就会烧损，不仅造成设备停电故障，而且还会造成线路接地故障。

图 6-2-3-1a

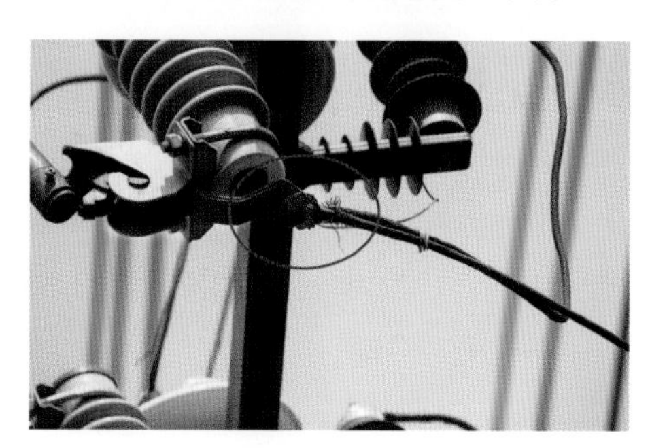

图 6-2-3-1b

参考标准 《电气装置安装工程 母线装置施工及验收规范》(GB 50149—2010)第3.1.8条："母线与母线、母线与分支线、母线与电器接线端子搭接，其搭接面的处理应符合：铜与铝的搭接面，在干燥的室内，铜导线应搪锡；室外或空气相对湿度接近100%的室内，应采用铜铝过渡板，铜端应搪锡。"

防治措施 设计应做安装说明，并列出材料表，施工根据设计、施工验收规范要求，连接跌落开关上下接点、变压器一次套管接点的引线必须压接铜铝过渡接线端子，而且铜端应搪锡，压接必须牢固可靠。

6.2.3.2 铜铝接线端子连接不规范

缺陷分析 避雷器上端引线直接缠绕在铜铝接线端子上极不规范，而且连接也不可靠。因为接点接触不良，失去避雷器的防雷保护作用。

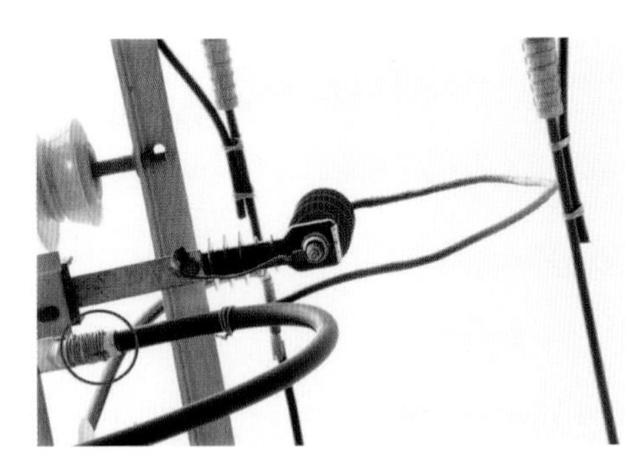

图 6-2-3-2

参考标准 《架空绝缘配电线路施工及验收规程》(DL/T 602—1996)第8.4.3条："引下线应短而直，连接紧密，采用铜芯绝缘线，其截面应不小于：(1)上引线：16mm^2；(2)下引线：25mm^2。"

防治措施 设计应说明并列出材料表，避雷器上端引线连接，必须使用铜铝接线端子，铜端应搪锡进行压接，然后再与端子连接。

6.2.3.3 接线端子压接不规范

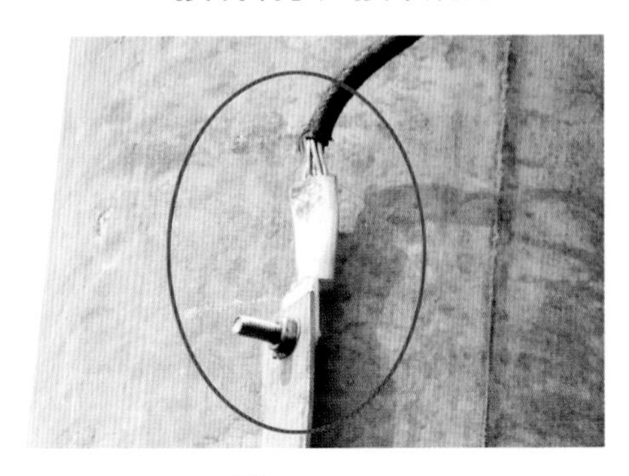

图 6-2-3-3a

图 6-2-3-3b

缺陷分析 接线端子未使用专用压接工具进行压接，而是用锤子等将端子砸扁，属于野蛮施工。此种压接方法工艺粗糙、不美观，而且导线接头处被砸变形，造成接触不良，甚至出现接线端子被烧断的情况，影响设备安全。

参考标准《电气装置安装工程接地装置施工及验收规范》（GB 50169—2006）第3.4.1条："接至电气设备上的接地线，应用镀锌螺栓连接；有色金属接地线不能采用焊接时，可用螺栓连接、压接、热剂焊（放热焊接）方式连接。"

防治措施 压接接线端子必须使用专用的压接钳子，而且要按施工验收规范要求进行压接。

6.3 设 备 安 装

6.3.1 安装工艺

6.3.1.1 跌落开关安装角度不合格

缺陷分析 跌落开关安装角度过大，易造成熔丝管脱落，发生事故，也给操作带来不便。

参考标准《架空绝缘配电线路施工及验收规程》（DL/T 602—1996）第8.2.4条："熔断器安装牢固、排列整齐、高低一致、熔管轴线与地面的垂线夹角为15°～30°　。"

防治措施 熔断器安装要牢固、排列整齐、高低一致、熔管轴线与地面的垂线夹角要控制在规程规定的范围。

图 6-3-1-1

6.3.1.2 跌落开关安装不牢固

缺陷分析 跌落开关安装不牢固，操作时开关活动，易造成开关相间或对地

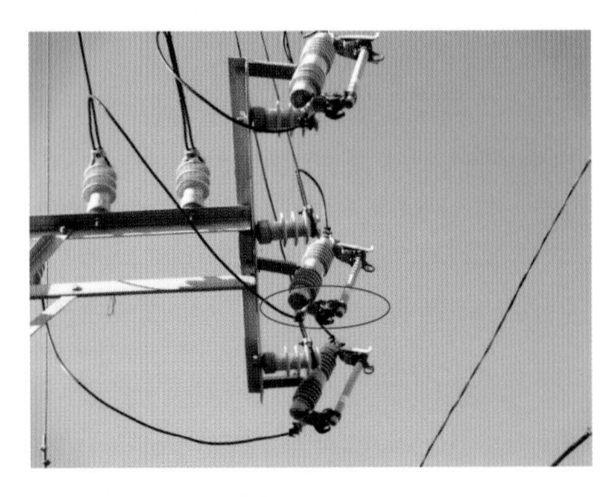

图 6-3-1-2

短路，发生事故，也给操作带来不便。

参考标准《架空绝缘配电线路施工及验收规程》(DL/T 602—1996)第8.2.4条："熔断器安装牢固、排列整齐、高低一致、熔管轴线与地面的垂线夹角为15°～30°。"

防治措施 熔断器安装要牢固，固定部位要采用双螺栓，防止开关扭动。

6.3.2 避雷器安装位置不规范

缺陷分析 当系统过电压使避雷器动作时，脱扣部分脱出，避雷器引线易搭到导线的接线端子上，造成线路永久性接地，降低了供电可靠率，给安全供电造成威胁。

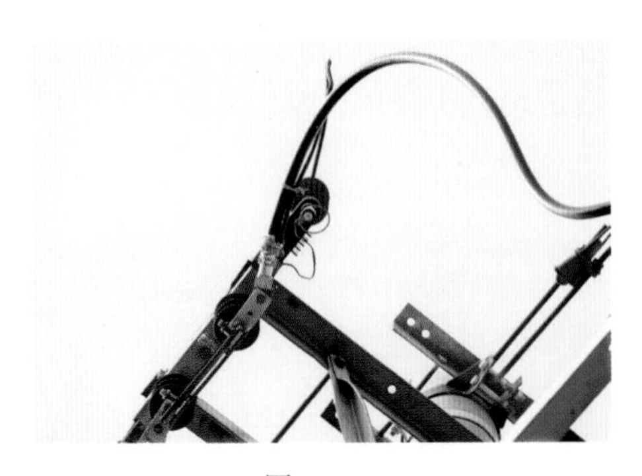

图 6-3-2

参考标准《配电网技改大修项目交接验收技术规范》(Q/GDW 744—2012)第10.1.2.1条："金属氧化物避雷器的安装位置应符合设计技术要求和设备运行要求的规定。"

防治措施 设计应当将避雷器的位置与刀闸的位置错开，保证一定的安全距离。

6.3.3 柱上避雷器相间距离不足

缺陷分析 三相金属氧化物避雷器相间距离较小，遭遇雷击时易发生相间短路。

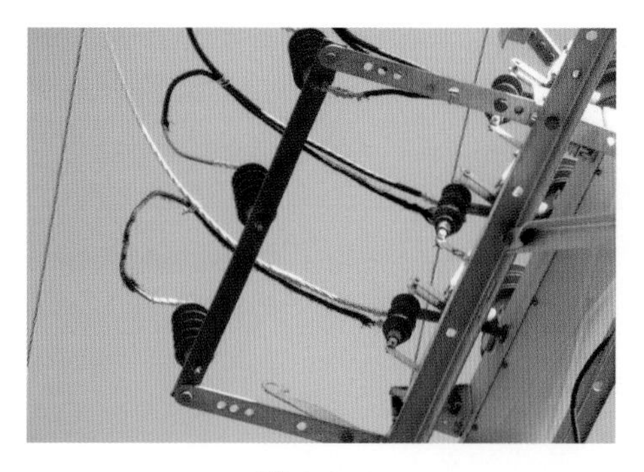

图 6-3-3a

图 6-3-3b

参考标准 《配电网技改大修项目交接验收技术规范》（Q/GDW 744—2012）第10.1.2.5条：“三相金属氧化物避雷器应排列整齐、高低一致，相间距离：10千伏时不应小于350mm。”

防治措施 设计人员应按设计规程和施工验收规范要求进行设计，并列出材料表，保证避雷器相间安全距离。

6.4 设 备 接 地

6.4.1 避雷器

缺陷分析 避雷器接地线连接在构架上，而构架与接地线接触不良，这种施工工艺极不规范，属于串联接地。此时避雷器没有进行有效接地，一旦遇有雷

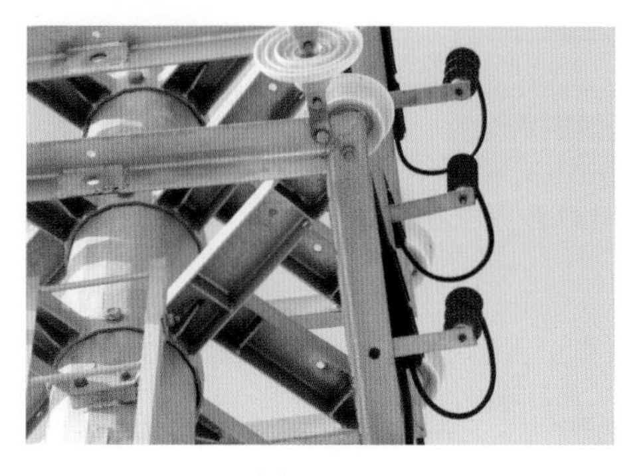

图 6-4-1a

图 6-4-1b

电时，雷电流不能迅速入地，设备就会遭受雷击，避雷器起不到保护作用，失去了避雷器的意义。

参考标准 《电气装置安装工程接地装置施工及验收规范》（GB 50169—2006）第3.3.5条："每个电气装置的接地应以单独的接地线与接地汇流排或接地干线相连接，严禁在一个接地线中串接几个需要接地的电器装置。"

3.3.13条："避雷器应用最短的接地线与主接地网连接。"

防治措施 设计人员应按设计规程和施工验收规范要求进行设计，并列出材料表，避雷器接地必须连接可靠，使其真正起到避雷的作用。

6.4.2 变压器外壳接地不规范

图 6-4-2

缺陷分析 变压器外壳接地不牢固可靠，易造成接地电阻超标，起不到接地作用。

参考标准 《架空绝缘配电线路施工及验收规程》（DL/T 602—1996）第8.1.4条："变压器外壳应可靠接地；接地电阻应符合规定。"

防治措施 变压器外壳接地要牢固可靠。选用合格材料，端子压接符合规范规定。

6.4.3 柱上开关外壳接地不规范

缺陷分析 如图6-4-3所示，开关外壳接地是利用构架进行串联接地。此接地方法不符合规范要求，其接地连接不可靠，一旦开关外壳发生漏电，其接地就会因接触不良，而使开关外壳带电，危及人身安全。

参考标准 《架空绝缘配电线路施工及验收规程》（DL/T 602—1996）第8.5.5条："外壳应可靠接地。"《电气装置安装工程接地装置施工及验收规范》（GB 50169—2006）第3.3.5条："每个电气装置的接地应以单独的接地线与接地汇流排或接地干线相连接，严禁在一个接地线中串接几个需要接地的电器装置。"

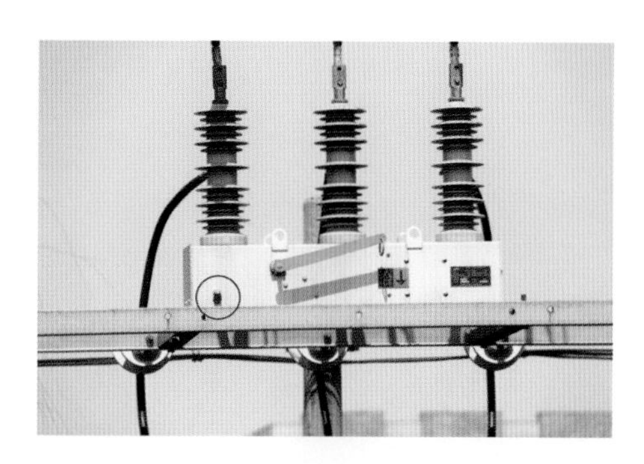

图 6-4-3

防治措施 施工图纸应按设计规程设计，并列出材料表。开关外壳接地端子必须使用不小于25mm^{2}的铜导线直接接地，不准利用构架进行串联接地。

6.5 设 备 固 定

6.5.1 台上设备未固定

缺陷分析 变压器未固定，长期运行受到外力作用，易发生变压器坠落事故。

参考标准 《架空绝缘配电线路施工及验收规程》（DL/T 602—1996）第8.1.1条："杆上变压器的变压器台应安装牢固。"

防治措施 设计应根据变压器的情况给出安装图纸。应按设计施工。

图 6-5-1

6.5.2 采用橡胶铝线绑扎固定

图 6-5-2

缺陷分析 变压器采用导线绑扎固定，长期磨损容易断线，发生变压器坠落事故。

参考标准 《架空绝缘配电线路施工及验收规程》(DL/T 602—1996)第8.1.1条："杆上变压器的变压器台应安装牢固。"

防治措施 设计应根据变压器的情况给出安装图纸。应按设计施工。

6.5.3 变压器未固定

缺陷分析 变压器未固定，容易发生坠落事故。不按设计要求铺设台板，台板质量差，受到压力后，台板容易断裂，不仅影响工程质量，而且影响设备和人身安全。

参考标准 《架空绝缘配电线路施工及验收规程》(DL/T 602—1996)第8.1.1条："杆上变压器的变压器台应安装牢固。"

防治措施 设计应根据变压器的情况给出安装图纸。应按设计施工，台架需要铺设足够台板，满足变压器和人身安全需要，质量差的台板禁止使用。

图 6-5-3

6.5.4　变压器二次 TA 未加固定

缺陷分析 变压器二次TA未加固定，直接套在低压引线上，既不规范，又不安全。一旦TA脱落，二次线断开，产生高电压，必然要威胁人身和设备安全。

参考标准《电气装置安装工程66kV及以下架空电力线路施工及验收规范》（GB 50173—2014）第10.1.1条："电气设备的安装应牢固可靠。"

防治措施 变压器二次TA必须加以固定，不得有松动现象，TA引线必须安装牢靠。严防二次TA开口。

图 6-5-4

第 7 章

接地装置安装

7.1 接地体安装

7.1.1 接地体制作安装不规范

缺陷分析 接地体制作、安装不规范。

图 7-1-1a

图 7-1-1b

参考标准 《电气装置安装工程接地装置施工及验收规范》（GB 50169—2006）第3.3.1条："接地体顶面埋设深度应符合设计规定。当无规定时，不应小于0.6m。角钢、钢管、铜棒、铜管等接地体应垂直配置。"

第3.4.2条："接地体的连接采用搭接焊时，应符合下列规定：一、扁钢的搭接长度应为其宽度的2倍，四面施焊。二、圆钢的搭接长度应为其直径的6倍，双面施焊。三、圆钢与扁钢连接时，其搭接长度应为圆钢直径的6倍。"

防治措施 施工单位应按施工图纸施工。

7.1.2 接地棒材料、制作、安装不符合规范、规程要求

7.1.2.1 接地棒焊接不规范

缺陷分析 接地棒搭接焊接不符合规范要求。

参考标准《电气装置安装工程接地装置施工及验收规范》（GB 50169—2006）第3.4.2条："接地体的焊接采用搭接焊，其搭接长度必须符合下列规定：圆钢和扁钢连接时，其长度为圆钢直径的6倍。"

防治措施 采用搭接焊的接地体要保证焊接的搭接长度。防止偷工减料的行为。

图 7-1-2-1

7.1.2.2　使用铝绞线做接地棒

缺陷分析 使用铝绞线做接地棒，而且连接不规范。

参考标准《电气装置安装工程接地装置施工及验收规范》（GB 50169—2006）第3.2.5条："除临时接地装置外，接地装置应采用热镀锌钢材，水平敷设的可采用圆钢和扁钢，垂直敷设的可采用角钢和钢管。不得采用铝导体作为接地体或接地线。"

防治措施 接地棒应选用热镀锌钢材等制作。

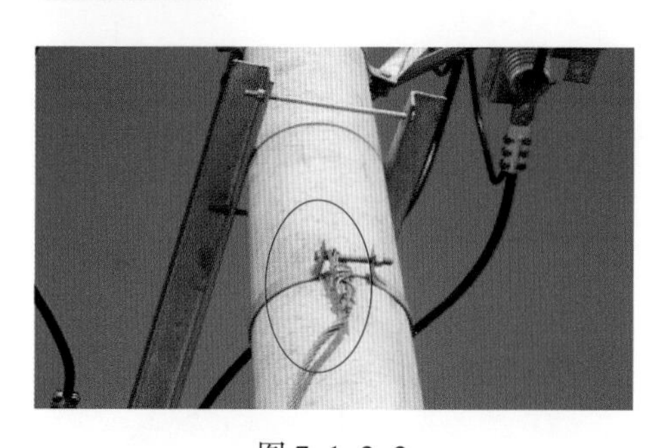

图 7-1-2-2

7.1.2.3　使用绝缘线代替接地棒

缺陷分析 使用铝绞线、绝缘铝导线代替接地棒极不规范，不符合设计要求，一是不牢固、不美观、易丢失，失去接地保护，影响设备安全运行；二是绝缘铝导线与接地体无法进行焊接，使用螺栓与接地体连接又不符合相关规范要求。

图 7-1-2-3

参考标准《电气装置安装工程接地装置施工及验收规范》（GB 50169—2006）第3.2.5：“除临时接地装置外，接地装置应采用热镀锌钢材，水平敷设的可采用圆钢和扁钢，垂直敷设的可采用角钢和钢管。不得采用铝导体作为接地体或接地线。”

防治措施 施工单位应按施工图纸施工，不准使用其他导线代替接地棒。

7.1.3 接地棒安装不规范

缺陷分析 接地棒安装不规范，一是接地棒长度不够，使用铁拉板加长进行连接，属于偷工减料。采用这种连接方法，螺栓一旦丢失，就会使设备失去接地保护，如接地线带电，势必威胁设备和人身生命财产安全；二是接地棒未加绝缘护套，一旦接地棒漏电，容易发生人身感电，后果不堪设想；三是接地棒与接地极连接，未采用焊接方式而采用螺栓连接方式，埋在地下容易锈蚀造成接触不良。

图 7-1-3a

图 7-1-3b

参考标准《电气装置安装工程接地装置施工及验收规范》（GB 50169—2006）第3.1.1.8条：“装在配电线路杆上的电力设备应接地或接零。”

第3.2.5条：“除临时接地装置外，接地装置应采用热镀锌钢材，水平敷设的可采用圆钢和扁钢，垂直敷设的可采用角钢和钢管。不得采用铝导体作为接地体或接地线。”

第3.3.1条：“接地体顶面埋设深度应符合设计规定。当无规定时，不应小于0.6m。除接地体外，接地体引出线的垂直部分和接地装置连接（焊接）部位外侧100mm范围内应做防腐处理；在做防腐处理前，表面必须除锈并去掉焊接处残留的焊药。”

第3.4.1条：“接地体（线）的连接应采用焊接，焊接必须牢固无虚焊；有色金属接地线不能采用焊接时，可用螺栓连接、压接、热剂焊方式连接。用螺栓连接时应设放松螺帽或放松垫片。”

防治措施 按设计要求安装足够长度并带绝缘护套的接地棒，接地棒与接地引线连接的接线端子距地面高度必须达2.5m以上，接地棒与接地极必须采用焊接方式连接。

7.2 接地引下线

7.2.1 接地引下线材料不合格

缺陷分析 使用绝缘铝导线做接地引下线。

参考标准 《电气装置安装工程接地装置施工及验收规范》（GB 50169—2006）第3.2.5条：“除临时接地装置外，接地装置应采用热镀锌钢材，水平敷设的可采用圆钢和扁钢，垂直敷设的可采用角钢和钢管。不得采用铝导体作为接地体或接地线。”

图 7-2-1

防治措施 接地引下线应选用扁铜带、铜绞线、铜棒、铜包钢、钢包铜绞线、钢镀铜、铅包钢等材料制作。

7.2.2 接地引下线连接不规范

缺陷分析 使用各式的铝导线做接地引下线，另外，接地引下线与接地棒连接采用缠绕方法进行连接，不牢固、不可靠，易造成接触不良，失去接地保护作用。

图 7-2-2a

图 7-2-2b

参考标准 《10kV及以下架空配电线路设计技术规程》（DL/T 5220—2005）第12.0.13条：“接地体宜采用垂直敷设的角钢、圆钢、钢管或水平敷设的圆钢、扁钢。接地体和埋入土壤内的接地线的规格不应小于下列规定数值：（1）圆钢直径地上为8mm，地下为10mm；（2）扁钢截面为48mm^2、厚度为4mm；（3）钢管壁厚为3.5mm；（4）镀锌钢绞线或铜线截面地上为25mm，地下为50mm。”

《接地装置施工及验收规范》（GB 50169—2006）第3.2.5条：“不得采用铝导体作为接地体或接地线，当采用扁铜带、铜绞线、铜棒、铜包钢绞线、钢镀铜、铝包铜等材料做接地装置时，其连接应符合本规范的规定。”

防治措施 设计应按照设计规范、《接地装置施工及验收规范》（GB–50169—2006）、《母线装置施工及验收规范》（GBJ–149—1990）要求进行设计并应详细说明施工方法，还应列出全部材料，建议采用40mm × 4mm热镀扁钢作为接地引下线，使所有接地设备与之相连接；施工单位严格按照设计及相应施工验收规范进行施工。

7.3　接地极制作、安装

7.3.1　采用钢筋制作接地极

缺陷分析 接地体采用钢筋直接铺设在地面，没有进行埋设。

参考标准 《电气装置安装工程接地装置施工及验收规范》（GB 50169—2006）第3.3.1条：“接地体顶面埋设深度应符合设计规定。当无规定时，不应小于0.6m。除接地体外，接地体引出线的垂直部分和接地装置连接（焊接）部位外侧100mm范围内应做防腐处理；在做防腐处理前，表面必须除锈并去掉焊接处残留的焊药。”

图 7–3–1a

图 7–3–1b

图 7–3–1c

防治措施 施工单位应按施工图纸施工，采用合格材料制作接地体，并按照规范要求进行埋设。

7.4 接地线数量

7.4.1 设备台架采用单接地

缺陷分析 设备台架采用单接地，不符合施工验收规范要求，单接地可靠性不大，易发生设备接地不良，失去接地保护作用，危及人身和设备安全。

图 7-4-1a

图 7-4-1b

图 7-4-1c

参考标准 《电气装置安装工程接地装置施工及验收规范》（GB 50169—2006）第3.3.5条：“重要设备和设备构架应有两根与主地网不同地点连接的接地引下线，且每根接地引下线均应符合热稳定及机械强度的要求，接地引线应便于定期进行检查测试。”

防治措施 施工单位应按施工图纸施工，设备台架应采用双接地。

第8章

标识安装

8.1 安 装 位 置

8.1.1 安装位置过低

缺陷分析 线路标志牌安装位置过低。

图 8-1-1

参考标准《配电网技改大修项目交接验收技术规范》（Q/GDW 744—2012）第5.1.2.9条：“工程移交时，10kV线路电杆上应有线路名称、杆号、埋深、相序等标志，且标识牌应面向线路小号侧或巡线道方向。”

防治措施 严格按照规范要求的位置装设标志牌，防止随意安装。

8.2 安 装 工 艺

8.2.1 安装工艺不规范

缺陷分析 线路标志牌安装不牢固，安装材料不合格。

参考标准《配电网技改大修项目交接验收技术规范》（Q/GDW 744—2012）第14.1.2.1条：“标志牌挂装应牢固。”

防治措施 线路标志牌安装要牢固，选用专用的合格安装材料。

8.3 标志牌材料

8.3.1 标志牌字迹脱落

缺陷分析 线路标志牌所用材料不合格，经风吹日晒，字迹全无。

参考标准《配电网技改大修项目交接验收技术规范》（Q/GDW 744—2012）第14.1.2.1条：“标志牌的字迹应清晰不易脱落。”

防治措施 线路标志牌应选用字迹清晰醒目、不易脱落的材料制作。

图 8-3-1

8.3.2 标志牌材料、规格不统一

缺陷分析 线路标志牌样式、规格、材料不统一，标志不清晰，不美观。

参考标准《配电网技改大修项目交接验收技术规范》（Q/GDW 744—2012）第14.1.2.1条：“标志牌规格和内容应统一。”

防治措施 运行单位应统一标志牌的样式、规格、材质。

图 8-3-2